U0056616

目次

全身的器官

頭部的器官

胸部的器官

肚子的器官

下腹部的器官

人體探險隊

精力旺盛的小男孩。擅長的科目是體育。將來的夢想是成為體育教練。

毅力十足的小女孩。擅長的科目是理化。將來的夢想是當上醫生。

人體研究所的所長，人體方面的專家。為了前往體內探險，製作出了一種魔藥。

健吾「人體真神奇，不僅能吸收食物的營養，受傷時也能自然痊癒，真的好了不起喔！」

康子「博士博士，身體裡面到底是什麼樣子呀？」

博士「想知道嗎？那要不要進入體內探險，親眼看看呢？」

健吾「你說要進入體內探險，這種事情辦得到嗎？」

博士「當然。來，把這瓶藥喝下去。」

康子「哇！身體變小了。」

健吾「原來如此，這樣就可以進入體內了。」

博士「沒有錯，那我們就趕緊出發吧。Let's Go！」

喝了骷髏博士的魔藥，三人踏上了體內探險之旅。

體內有著什麼樣的器官呢？探險就此展開！

全身上下、從頭到腳都有我們骨頭、肌肉、皮膚的存在喔！

有沒有想過，人類要活下去是絕對少不了我們呢？雖然健健康康的時候可能不太會意識到我們，但其實我們發揮的功用可是非常重要的呢。

如果沒有骨頭，人就會變成癱軟的一團肉，連站也站不起來喔。所以骨頭最重要的工作就是支撐身體，還有保護腦以及內臟這些柔軟器官的安全。

肌肉的工作也十分重要，不僅可以透過伸縮作用來移動骨頭，心臟等內臟的內臟壁也都是由肌肉所構成。心臟之所以會動個不停，就是肌肉發揮的功能喔。

皮膚包住整個身體，抵禦來自外界的刺激。如果沒有皮膚，肌肉就會裸露在外，變得容易受到傷害，也無法感覺到冷熱。而透過排汗來調節體溫，也是皮膚的工作。

因為有皮膚包覆著身體，所以我們能立即察覺皮膚的存在。不過也別忘了，體內的骨頭和肌肉也都有做好他們份內的工作喔。

骨頭小子

→ 我支撐著你們的身體，也保護著腦和內臟等柔軟的器官，同時也是製造血液的地方喔。

→ 成人的體內大約有200個以上我的同類，而小寶寶體內則有350個以上喔！隨著成長，有些骨頭會密合在一起，總數就變少了。

→ 為了方便在身體各處發揮功能，我們具有各式各樣的形狀喔。

人體小知識

- 成年人的骨頭重量，約佔體重的15～20%！
- 人體中最大的骨頭就是位於大腿的**大腿骨**（約40cm）、最小的骨頭則是耳朵深處的**聽小骨**※（約1cm）！
- 骨頭的外側**堅硬**、內部**柔軟**！

※聽小骨由錘骨、砧骨、鐙骨這三種骨頭組合而成。

我的功用是什麼？

我的工作就是支撐肉體。如果少了我，人們就沒辦法站立以及運動了。我和肌肉相互依附，成為人們活動身體的地基。

另外一件重要的工作，就是保護體內各種柔軟的器官。頭蓋骨可以保護容易受傷的腦，肋骨則罩在心臟和肺外頭，保護著他們。換句話說，我是他們的貼身保鑣。

大家知道嗎？我的構造非常複雜，內部有神經和血管通過，神經會傳遞刺激，血管則輸送血液為我帶來營養。

我的內部組織稱作骨髓，也是製造血液的地方喔。

如果我受傷的話……

如果我折斷了，不僅會令人十分疼痛，還會造成腫脹、產生灼熱感。這是因為經過我的血管斷裂，以及傷到了周圍組織的關係。

骨折在復原時，骨頭上血管滲出的血所形成的血塊會填滿斷裂處的縫隙。一段時間後，傷處就會增加許多生成骨頭的細胞，並長出新骨頭的原始組織，也就是骨痂。接著鈣質補充進來後，就會漸漸形成原本骨頭的模樣。就算骨頭斷了，只要把患部固定成原本的樣子，骨頭就會自然修復了。

脫臼則是關節處的骨頭偏離位置的情況，所以只要把骨頭放回原本的位置就沒事了。人們口中的「下巴掉下來」，其實就是指下顎關節脫臼的意思。

肌肉大哥

心臟之所以會動，
就是因為有我的
力量喔！

透過伸縮
來活動身體！

→ 我附著在骨頭上，主要的工作是活動身體。我的同伴構成了許許多多的內臟，也肩負著活動那些內臟的任務。

→ 我的同伴分成三大類，分別是骨骼肌、平滑肌、心肌。骨骼肌可以透過人們的自由意志去控制活動，不過平滑肌和心肌卻不行。

人體小知識

- 控制身體活動的肌肉數量，有400種以上！
- 成人的肌肉重量約佔體重的50%！
- 力量最強的肌肉，是活動下巴時使用的咀嚼肌群※！

※控制下顎骨頭活動的四塊肌肉統稱為咀嚼肌群。

我的功用是什麼？

除了活動身體之外，進行呼吸運動和消化運動時也有我出場的機會喔。

附著在骨頭周圍的肌肉稱為骨骼肌，這種肌肉會透過伸縮來移動骨頭、活動身體。

還有其他種類的肌肉，包含令心臟跳動的心肌，以及構成血管壁與內臟壁的平滑肌。心肌即使在人們睡著時依然會不眠不休地工作著，將血液打到全身上下。如果心肌會因為太累而休息的話，事情就大條了。

平滑肌的動作很緩慢，會朝著各個方向收縮。消化平常吃下去的食物，並讓那些食物在體內移動，靠的就是平滑肌。

骨骼肌可以透過你的自由意志去控制，讓你有辦法做運動等等，而心肌和平滑肌就沒辦法透過自己的意思去操控了。

如果我受傷的話……

有時候，運動員不是會因為肌肉拉傷而無法出場比賽嗎？那是因為肌肉急劇收縮，導致骨骼肌的細胞——也就是肌纖維的某一部分呈現斷裂的狀態。肌肉拉傷容易發生於運動過程中，而且大多會發生在大腿和小腿肚上。

肌肉拉傷的可能原因，包含肌肉疲勞、舊傷、暖身不足、劇烈的氣候變化、身體狀況欠佳、柔軟度不夠等。

肌肉拉傷時，人們會突然感覺到一陣劇痛，可能會伴隨腫脹、灼熱感，如果嚴重的話，患部還可能會凹陷、引發皮下出血。

肌肉拉傷的情況只會出現在骨骼肌上，不會發生在心肌和平滑肌上。

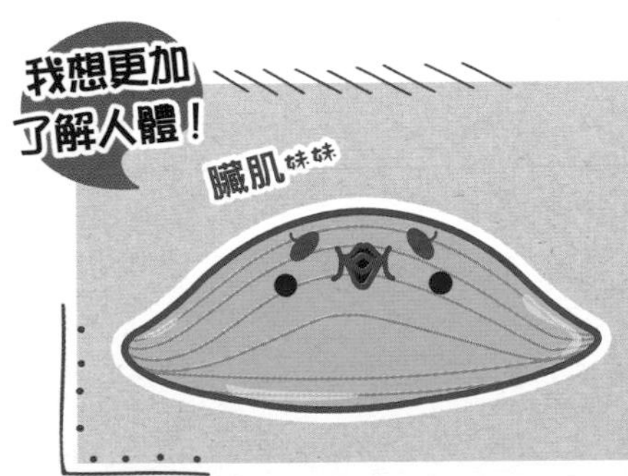

肌肉分成骨骼肌、心肌、平滑肌這三種，其中平滑肌也稱作臟肌。之所以有這個名稱，是因為構成消化器官和泌尿器官等內臟肌肉壁的就是平滑肌。

皮膚妹妹

- 成人皮膚的總面積約為一張榻榻米大（約1.6m²）！
- 生成並替換成新皮膚的循環所需時間約為4星期！
- 指甲一個月會長出約3mm，頭髮則會長出約1cm！

我的功用是什麼？

我包覆在身體表面，抵禦外界的細菌、病毒、毒素侵入體內。我具有彈性以及防水性，所以也可以保護好身體，以免受到衝擊、熱、冷、陽光造成的傷害。

而且我身上還有五種感受的感應器，可以感覺到熱、冷、觸、痛、壓。人們之所以能感覺到溫度和痛覺，就是因為有我的關係。

調節體溫也是我的重要工作之一。天氣冷的時候，我會關閉毛細孔，防止熱量散出體外。天氣熱的時候則會打開毛細孔排汗，如此一來，從我身上排出去的汗一旦蒸發，就會帶走身體的熱量，避免體溫過高。

如果我受傷或生病的話……

由於我是跟外界直接接觸，所以經常會擦傷、割傷、燙傷。不過啊，我有自我修復的能力，如果是小傷的話，放著不管也會自行痊癒。但為了避免細菌從傷口侵入體內，還是要記得好好消毒傷口喔。

我比較害怕嚴重的燙傷。如果失去了整體三分之一的我，人就會有生命危險。有時傷口過深、範圍過大，即使接受治療也無法自然再生皮膚時，就會透過手術將身體其他部位的皮膚移植到患部。每個部位的修復速度雖然不同，但通常會需要1個星期。

蕁麻疹也是我的煩惱之一，疹子發出來時還會伴隨著搔癢感。蕁麻疹可能是過敏導致，也可能是其他因素造成的，所以起疹子的時候還是乖乖到醫院檢查一下比較好喔。

毛髮和指甲其實都是皮膚的好朋友。毛髮和指甲是皮膚變化出來的東西，他們每天都會成長，而且除了根部之外的部分都是死的，所以剪掉也不會痛喔。

我們是頭部的器官

頭部是指脖子以上的部分，這裡塞了許許多多重要的器官。看東西、聽聲音、聞氣味、享受食物味道、呼吸、和朋友說話，全都是我們這些頭部器官的工作喔。

身為領袖的腦會記憶、思考，並對身體各個部位發出指令。不過光靠腦自己一個人也沒辦法進行思考與判斷，還要仰賴外界的資訊。而蒐集外界資訊的工作，就交給用來看東西的眼睛、用來聽聲音的耳朵、用來聞氣味的鼻子、用來品嚐味道的舌頭、還有感受痛覺、溫度、觸感的皮膚來進行。至於神經的工作，就是將這些器官感受到的資訊傳回大腦，並且肩負著傳遞腦部

指令到全身各個部位的任務喔。脊髓和腦之間的關係密不可分。脊髓存在於脊椎中，不過也和腦有所連接，不僅會幫忙傳遞腦發出的指令，也作為腦的其中一部分活動。神經會串起腦與脊髓跟全身各個部位，所以我們可是一群好夥伴呢。

人之所以能掌握自己身處環境的狀況，還有自己體內發生了什麼事情，都要歸功於位處頭部的我們喔！你感覺到了什麼，全都是靠我們團隊合作帶來的成果。

眼睛弟弟

就像相機自動對焦的鏡頭喔！

辨識物體的形狀和顏色！

→ 我的功能是看東西、感知光線，還可以自動調節聚焦的狀態喔。

→ 透過左右兩隻眼睛一起觀看東西，就能掌握物體的形狀與立體感。

→ 我由眼球以及周圍的眼皮和睫毛所組成，眼球的最外側分成角膜（黑眼珠的部分）和鞏膜（眼白的部分）。

→ 角膜內側有虹膜，中心處開了一個瞳孔，瞳孔後面有水晶體（鏡頭）、玻璃體，而最深處則有視網膜。

人體小知識

- 成人的眼球直徑約24mm、重量約7g！
- 同時使用兩眼時的視野範圍，水平方向約有200度，垂直方向約有125度！
- 成人一天流出的眼淚量約有0.6～1mL！

我的功用是什麼？

雖然負責看東西的是我，不過光靠我也沒辦法判斷究竟看到了什麼喔。我的工作，是捕捉物體反射出來的光，再將物體的形狀以影像方式投射在視網膜上。

虹膜會調整大小，決定要讓多少光進入眼睛，而功能有如相機鏡頭的水晶體則會改變厚度來幫助眼睛聚焦。透過這些作用，就能做出正確的影像並打在我背後的螢幕——也就是視網膜上。視網膜還具有辨識顏色的細胞喔。

投映在視網膜上的影像、以及細胞所辨識到的顏色會轉換成電流訊號，透過神經傳給腦部，這時才能判斷出我們看到了什麼。我和腦搭配得還不錯吧。

人從外界獲得的資訊，
有八成都要靠眼睛喔。

如果我功能衰退的話……

我會根據我和東西之間的距離來不斷調整聚焦的位置，但如果水晶體沒辦法好好調節厚度時，穿過我進入體內的光就沒辦法正確聚焦在視網膜的位置上，導致成像失焦模糊。焦點落在視網膜前面的情況，就是無法看清遠方事物的近視，相反地，焦點落在視網膜後面的情況，則是無法看清眼前事物的遠視。至於散光則是光線無法聚集成一個焦點，所以無法看清事物的模樣。

如果持續勉強自己聚焦，久了真的會很不舒服，又累、有時候還會頭痛。所以看書的時候要盡量保持適當距離，看電視時也不要靠太近喔。

我想更加了解人體！

一旦悲傷之類的情緒高漲，眼淚就會大量溢出眼眶。眼淚讓眼球表面無時無刻保持濕潤，並防止髒東西附著。

眼淚量太少的話會得乾眼症，
適量真的很不容易呢。

耳朵小妹

聲音是以振動形式在空氣中傳遞的喔。

聽聲音！保持身體平衡！

我可不是只有露在臉外的部分而已，我的身體其實一直延伸到頭部深處呢。依不同部位，分別有外耳、中耳、內耳的稱呼。

我會用露在臉外的部分來蒐集聲音，藉此讓鼓膜振動，接著再以訊號的形式經過長長的通道，傳送至腦裡。

在我的內部還有呈現三重環狀體的三半規管，以及長得像蝸牛的耳蝸。

人體小知識

- 成人的耳朵（耳殼）長度，男性約65mm、女性約60mm！
- 成人的鼓膜直徑約1cm、厚度約0.1mm！
- 如果噪音大到跟火箭發射的聲音差不多，會導致鼓膜破裂！

我的功用是什麼？

我的工作，就是透過臉龐兩側突出的片狀部分來蒐集聲音，並將聲音轉換成訊號傳送至腦部。聲音的真面目其實就是空氣的振動，我會蒐集那些振動，來觸動我體內的鼓膜。聲音大小不同，鼓膜的震動程度也會不同。換句話說，我可以透過震動程度來分辨聲音的大小。鼓膜的震動會傳入聽小骨，再傳到更深處的部位。在我體內深處有個稱作耳蝸的部位，這個長得像蝸牛的器官可以將鼓膜的震動轉換成訊號。

而聲音不僅有大小聲的分別，也有高低音的差異。大家之所以能分辨這些差別，也是我的功勞喔。音調高低會用赫茲這個頻率單位來表示，而人類聽得見的頻率範圍落在20～2萬赫茲之間，至於狗和海豚、蝙蝠可以聽見的範圍則比人類更為寬廣。

如果我功能衰退的話……

聽不太到聲音的症狀稱作重聽，不過這不是因為我偷懶的關係喔。有時候可能是因為受傷、生病，也可能是上了年紀的關係，原因有很多種，甚至還可能因為壓力的關係導致突發性重聽呢。這種突發性的重聽，只要在2個星期內接受專業診療，大多情況都能痊癒。如果覺得聽力好像不太對勁，要趕快到醫院檢查喔。

上了年紀導致聽力退化也是無可奈何的事，畢竟所有器官都會漸漸耗損，反應會越來越遲鈍。一開始會先聽不見高頻率的聲音，接著會慢慢聽不見其他各種聲音。如果家裡的爺爺奶奶覺得聽不清楚很傷腦筋的話，可以建議他們戴上助聽器唷。

我想更加了解人體！

耳朵分成外耳、中耳、內耳三個部分。而平衡感是由內耳中的三半規管和耳前庭所掌管。除此之外，內耳中有一個部分稱作耳蝸，這個部位會將聲音轉換成電流訊號後傳遞給神經。

頭暈和暈車、暈船、暈機，聽說都和三半規管有關係呢。

人體小知識

- 感受氣味的細胞，在一張郵票的面積上**約有500萬個**！
- 人類能辨識的味道大約有**1萬種**！
- 感受氣味的細胞**約每30天**會更新一次！

我的功用是什麼？

位於臉部正中央的器官，就是鼻子我了。不過我並不是只有隆起於臉部的部分而已，內部還有一處很寬敞的房間，和支氣管相連。

我的身上有2個小孔，不光是能夠吸入與排出空氣。空氣通過的鼻道具有黏膜和鼻毛，可以過濾掉空氣中的髒污與粉塵，扮演了過濾器的角色。我還可以調節進入體內的空氣溫度與濕度。

我另一項重要的工作就是感受氣味。我身上有一些感應氣味分子的細胞，可以將嗅覺資訊傳送到腦中。

如果我生病的話……

我鼻孔深處的黏膜非常敏感，只要有一點刺激都會釋放出黏液。當我接觸到引起感冒的病毒還有冷空氣時，就會釋放出這種黏液——也就是鼻水。有花粉症的人之所以會因為花粉而流鼻水，就是因為受到了刺激。正是透過這個作用將異物沖洗出體外。

感冒初期的鼻水，主要目的是要沖洗掉異物，所以會流個不停。不過已經開始康復時，黏液中會混雜著被體內抗體殺掉的細菌，所以會變成黃色的濃稠鼻涕。

嘴巴深處和鼻腔相通的部分就是咽喉。這裡也是空氣通道與食物通道的分岔點喔。

嘴巴妹妹

我最喜歡吃東西
還有說話了。

吃東西！

發出聲音！

穿上白色鎧甲的兩排堅硬牙齒，可以替我們磨碎食物。

唾液中充滿了消化酵素，可以幫我們分解食物中的碳水化合物。

舌頭不僅可以感知味道，說話的時候還會和舌頭一同改變成複雜的形狀。

人體小知識

- 乳牙有**20顆**，恆齒則有**28～32顆**！（有些人不會長智齒。）
- 牙齒的硬度可以和**水晶**相提並論，是全身上下**最硬的部分**！
- 感知味道的感應器（味蕾）**約有5000個**！

我的功用是什麼？

我是上下嘴唇圍起來的部分喔。如果是成人，上下共會長出28～32顆堅硬的牙齒，可以將食物咬斷、啃碎，並透過臼齒磨爛。而變得柔軟的食物會混合唾液進入食道，之後就會進入胃等消化器官，但總之我就是食物進入身體的入口。

我不只能吃，也有辦法呼吸，還可以發出聲音喔。只要改變嘴唇的形狀，配合舌頭做出的巧妙動作，就能發出各種聲音了。

我真的很多才多藝對吧？而且沒有我的話，大家就沒辦法親親了呢。

如果我生病的話……

如果食物的殘渣卡在牙縫裡，轉糖鏈球菌就會喜出望外，傾巢而出。這種細菌會促使殘渣發酵並釋放出酸，侵蝕牙齒表面的堅硬琺瑯質，真的很恐怖呢。這就是所謂的蛀牙了。一開始蛀牙時雖然不會痛，但隨著侵蝕程度越來越嚴重，甚至已經蛀到神經的部分時，就會開始出現彷彿把牙齒泡進冰水一樣的刺痛感，更嚴重的話還會痛得難以忍受，最後就必須要拔牙了。

其實每次吃東西的時候，牙齒表面都會受到侵蝕。不過唾液也具有修復牙齒的作用，所以如果是很早期的蛀牙，有時候只需要靠唾液就可以治好了。

木醣醇口香糖
有助於預防蛀牙喔。

舌頭上具有感知味道的感應器——味蕾。舌上的不同部位能感受到不同的味道，包含甜味、酸味、鹹味、苦味、鮮味。

舌頭是由極為柔軟
的肌肉所組成的，
所以才能夠自由活動。

接收資訊，發出指令！

我是人體的控制中樞！

我是軟綿綿的灰色物體，而且表面有滿滿的皺紋。外表雖然奇特無比，內在卻是控管全身功能的中心。

可以瞬間處理身體各部位透過神經傳遞過來的資訊，完全不會輸給電腦。

因為我的工作太多太複雜了，所以我還細分成幾個部門來處理不同的事務。大腦負責處理運動和語言功能，而維持生命的責任則交給腦幹來扛。

人體小知識

- 小寶寶的腦的重量為300～400g！
- 成人的腦的重量為1200～1300g！
- 將大腦的皺褶攤平後，表面積約為一張報紙大！
- 腦所消耗的能量約佔全身消耗量的20%！

我的功用是什麼？

我是控管全身功能的指揮官。

大腦表面有一層稱作大腦皮質的薄膜，上頭布滿了名為神經元的細胞，還有自神經元向外伸出的神經纖維。這些密密麻麻的細胞就是處理龐大資訊的地方。

大腦皮質有各式各樣的專業領域，好比說前額葉主掌思考、判斷以及計算，頂葉負責痛覺、溫度、壓力等感覺，而枕葉處理視覺，顳葉則專門處理語言。

我的身體有八成都是大腦，不過其他部分包含了小腦，負責整理來自眼睛和鼻子等受器的資訊好維持身體的平衡。還有腦幹，不但可以調節心臟活動，還肩負著維持生命的重要使命喔。

腦可大致分成
大腦、小腦、腦幹三個部分。

如果我功能衰退的話……

記憶是我的重要工作之一。然而要是因為生病或受傷產生異常，或是上了年紀，可能就會導致記憶力下降。不過誰都有忘東忘西的時候，所以不必過度擔心。

還有，睡眠對我來說十分重要。如果長期睡眠不足，我就沒辦法好好發揮調節體溫還有免疫系統的功能，還會害記憶力下降喔。

順便說一下，大家在睡覺的時候，大腦也會進入休息的狀態，不過腦幹因為肩負維持生命的重大任務，所以不會停下來休息。

其實熬夜會讓效率
變差喔。

我想更加了解人體！

左腦先生

右腦先生

大腦分成左右兩半，分別稱作右腦和左腦。右腦負責對左半身發出指令，左腦則負責對右半身發號施令。再來，語言和計算等事情主要由左腦負責，繪畫和聽音樂等活動則由右腦負責。

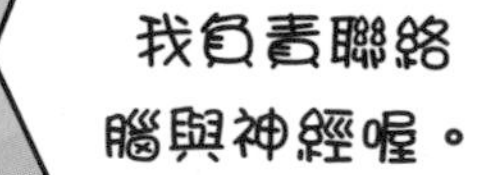

資訊與指令的通道！

→ 我貫穿脊椎，也和腦幹相連喔。

→ 我分成31對不同的節，每一節會往身體各部位延伸出神經。

→ 把來自身體各處的資訊傳遞至腦，並將腦下達的指令傳遞至身體各處。

→ 有時為了閃躲突如其來的危險，我會自行引起反射動作，不會跟腦商量。

人體小知識

- 成人的脊髓粗度直徑約1cm、長度約40～45cm！
- 脊髓存在於**脊椎**之中，受到**硬膜**、**蛛網膜**、**軟膜**這三層膜以及**腦脊髓液**的重重防護。
- 完成反射動作所需的時間**不到0.1秒**！

我的功用是什麼？

我是連接腦和全身各部位的神經纖維束喔。我的職責就是將皮膚跟肌肉傳來的資訊送到腦部，也將腦的指令傳遞到身體各處。

換句話說，我是連接腦袋與全身的神經高速公路。我還分成腦下達指令時專用的南下路線，以及來自全身的資訊要送往腦部時專用的北上路線。

有時碰到比較緊急的情況，我會自行判斷並下達指示。比方說碰到熱的東西時把手縮回來、快要跌倒時趕緊踏出腳站穩等等，這些不得不立刻應對的情況，都是由我來下達指令。如果還要把資訊傳回腦再等待腦發號施令的話，可就來不及了。這就是反射動作。

反射動作就是讓我們盡早遠離危險的一種反應。

如果我受傷或生病的話……

如果碰上交通事故之類的意外，使我受到嚴重損傷甚至無法發揮作用時，想想看會怎麼樣？腦不僅接收不到來自全身皮膚和肌肉的資訊，下達的指令也無法送到各個部位。如果受到嚴重損害，幾乎是沒辦法修復的，真的不是在開玩笑。

如果因為受傷或生病導致功能喪失的話，人就感覺不到痛，身體也無法正常活動了。而依據受傷的部位不同，症狀還分成半身不遂以及全身麻痺。

除了麻痺之外，有時還會引發呼吸器官和消化器官等部位的併發症。不僅如此，如果我受傷的話，身體其他地方也會跟著出現各種問題。

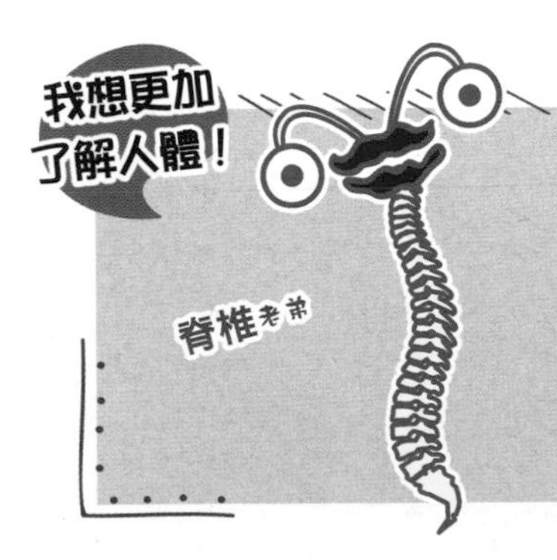

脊椎也稱作脊柱，負責支撐體重、保護脊髓。如果從側面看，脊椎呈現S形曲線，這是為了支撐頭部以及吸收外在衝擊的緣故。

脊椎由32～34個脊椎骨相連而成。

神經小弟

我構成了遍布全身的資訊網絡喔。

傳遞資訊和指令！

我分成中樞神經和周圍神經。中樞神經還分成腦以及脊髓，而周圍神經也分成腦神經和脊神經。

我透過全身上下的資訊網絡將各部位的資訊傳送給腦，也會將腦發送的運動指令傳遞到身體各處，讓身體做出動作喔。

周圍神經依照不同功能，分成體性神經和自律神經。體性神經又分成感覺神經和運動神經。

人體小知識

- 連接腦部的腦神經有12對，脊神經則有31對！
- 大腦內約有40億個神經元，小腦則有超過1000億個！
- 神經元一天會死超過10萬個！

我的功用是什麼？

我由神經纖維聚集而成，在人體中構成資訊傳遞網絡。光和聲音等外界的刺激會轉換成微弱的電流信號，傳導至身體末梢的神經，並瞬間傳回腦部。

傳遞腦下達的指令也是我的工作，不過因為工作量太大，所以我還分成不同種類去處理不同的工作。感覺神經負責傳遞看到、聽到、摸到、嚐到的資訊，而運動神經則負責接收大腦的指令，使肌肉收縮、活動身體。

再來，心臟等內臟的活動與血管收縮、排汗等和當事人意志無關的活動，則由自律神經負責調節。而對自律神經發號施令的器官是腦中的下視丘。

如果我受傷或生病的話……

我受到損傷的話就沒辦法傳遞訊息，可能會使身體某些部位麻痺、功能失常。

如果網絡某處斷裂，資訊不就傳遞不過去了嗎？我的情況就和這個道理一樣。

我的心頭之患，就是引起特定部位產生劇烈疼痛的神經痛。因為這真的是說來就來，而且還會反覆發作、痛得受不了。神經痛可能的原因很多，包含生病以及受傷等等，每種病因對應的療法和用藥都不一樣，所以碰到的話要去看醫生喔。

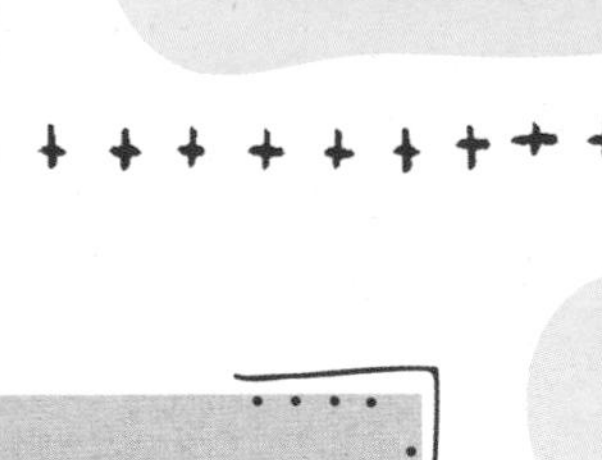

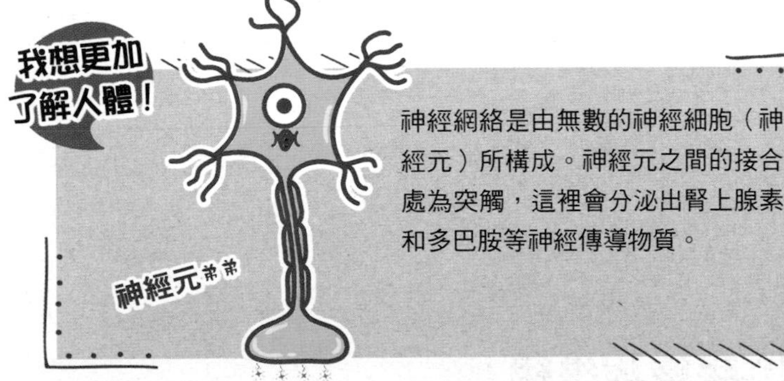

神經網絡是由無數的神經細胞（神經元）所構成。神經元之間的接合處為突觸，這裡會分泌出腎上腺素和多巴胺等神經傳導物質。

我們是胸部的器官

人的身體裡有許許多多的器官，每一種器官都發揮著不同的功用。而功能相近的器官會統整在一起，劃分成一個類別。比方說，氣管、支氣管還有肺就屬於呼吸器官，心臟和血管、淋巴管則屬於循環器官。

呼吸並不是只有用鼻子或嘴巴吸氣吐氣而已。吸入體內的空氣會通過氣管、支氣管進入肺，接著肺裡有一種叫作肺泡的小袋子，會透過上面布滿的微血管，取出全身血液中的二氧化碳，並換成吸進來的空氣中的氧氣。

接下來就是血管的工作了。進入血液的氧氣會順著血管送往全身，並在末端的微血管和二氧

化碳做交換。

幫助血液進行這種長距離輸送的器官，就是心臟了。心臟是一台馬力很強的幫浦，可以將血液推送出去。心臟的工作時間是24小時全年無休，你們在睡覺的時候，他仍會勤勞地工作喔。

而淋巴系統和血管很類似，具有遍布全身的網絡。淋巴管中流著淋巴液，負責運送身體不需要的老廢物。而且淋巴液的成分還具有免疫功能，可以對抗細菌。淋巴管的匯集之處稱作淋巴結，如果身體和細菌展開激烈的戰鬥，淋巴結就會腫成好幾十倍大喔。

氣管、支氣管兄弟

人體小知識

- 氣管的粗度為2～2.5cm、長度約10cm！
- 支氣管最末端的直徑約0.1mm！
- 打噴嚏和咳嗽時，排出異物的速度和新幹線有得比！

我的功用是什麼？

我們是將從口鼻吸入的空氣送往肺部的通道。一直到肺的入口前，都是由氣管哥哥負責，接著才分成左右兩半、分出大量小分支並深入肺部，這裡就是小弟我的工作了。而反過來從肺部排出至外部的空氣，當然也會通過我們兄弟倆囉。

氣管哥哥因為常常面臨空氣在體內進進出出，所以正面是由軟骨所構成的，避免塌陷。

我們的工作，就是防止跟著空氣一起進入身體的粉塵與細菌跑進身體更深處。我們內部的纖毛會捉住異物，並透過打噴嚏和咳嗽的方式排出體外。另外還會用黏液黏住異物變成痰，再讓人吐出體外。

原來我們是用咳嗽和打噴嚏把異物排出體外的。

如果我生病的話……

咳嗽是為了將沾附在黏膜上的粉塵等異物排出體外所引發的反射動作。但如果得了感冒或支氣管炎，人就會一直咳個不停。不僅喉嚨很痛、體力也會下降，真的很不舒服呢。

至於氣喘則是一種使人呼吸困難的疾病。有氣喘的人，一旦發作起來會非常難受，特徵是咳嗽時會發出「嘎——嘎——」、「咻——咻——」這種呼吸不順暢的聲音。氣喘是因為支氣管的氣道發炎，空氣通道變得狹窄所引起。引起氣喘的主要原因包含對屋內粉塵、特定食物、藥物過敏。即使得了氣喘，只要到醫院接受適當的治療就可以控制病情，所以碰到時一定要先去看醫生喔。

我想更加了解人體！

聲帶位於喉嚨內壁深處，自左右兩側突出，是兩片帶有肌肉的瓣膜。當人發出聲音時，兩片瓣膜中間的縫隙就會縮小，藉著吐出的空氣來震動瓣膜。聲帶非常優秀，只需透過這個簡單的動作，就能精確調整聲調高低、音量強弱，簡直就像樂器一樣。

肺老弟

在肺泡進行
氣體交換作業！

- 我在人體中是成對的，左右各一顆。我的工作，是將血液中人體不需要的二氧化碳跟新鮮的氧氣做交換，這項作業就稱為氣體交換。
- 氣體交換會藉由我這兩個長得像海綿的袋狀身體反覆膨脹、收縮來完成。
- 我的體內塞滿了3～5億個肺泡。肺泡長得像小袋子，在進行氣體交換時有非常大的幫助。

人體小知識

- 成人左右兩邊的肺臟總重，男性約1000g、女性約930g！
- 成人的肺泡總表面積，差不多有半個網球場大（約90m^2）！
- 肺泡周圍的微血管總長度，比東京到京都的距離還長（超過500km）！

我的功用是什麼？

從口鼻吸入、吐出空氣的行為稱作呼吸。不過，在我體內進行的氣體交換作業也是呼吸的一環喔。

我體內充滿無數的肺泡，這種肺泡長得像小小的袋子，表面充滿了微血管，而氣體會穿過微血管壁來做交換。血液中的血紅素就像一台貨車，從身體各處載來二氧化碳，並在這裡卸貨，卸完貨後再把氧氣裝上車。換句話說，我就是氧氣的補給基地！要丟掉的二氧化碳會在吐氣時排出體外。

一次呼吸所吸入的空氣量約為400～500mL。人在一生當中，會進行上億次的呼吸呢。

如果我生病的話……

如果因細菌或病毒造成肺泡發炎的話，就會引起肺炎。肺炎的症狀包含令人全身無力、嚴重咳嗽與生痰、還會發高燒，很像重感冒。有些時候甚至會導致呼吸困難、胸口疼痛呢。

一般來說，肺炎的起因大多是感冒和流感久病不癒。即使感覺只是場小感冒，但如果遲遲不見康復、或突然發起高燒的話，就很有可能是肺炎，一定要去看醫生喔。對老年人、還有呼吸系統與心臟患有疾病的人來說，肺炎很容易成為嚴重的病症。

我和口鼻相通，常常會有細菌跟著空氣與食物跑進來，所以大家一定要記得勤洗手、多漱口，預防肺炎喔！

我想更加了解人體！

肺臟下方的膜狀肌肉稱作橫膈膜。呼吸時，橫膈膜會升降，胸腔的大小也會跟著改變，如此一來肺就能隨之膨脹、縮小。橫膈膜升降時，肋骨也會一起升降喔。

心臟弟弟

我是最重要的生命維持器官喔。我體內分成四個房間，會將血液送往全身，並回收從全身各處歸來的血液。

脈搏是我收縮時的律動。運動時脈搏會加快喔。

人體小知識

- 成人的心臟重量約250～300g，大小跟拳頭差不多大！
- 心臟一天送出的血液量，大約有40個浴缸的水量（約8000L）！
- 心臟跳動的次數，在一般狀態下大概為每分鐘70下！

我的功用是什麼？

我是由心肌這種肌肉所構成，內部分成四個房間。來自全身以及肺部的血液通過靜脈送進一處叫作心房的房間，分成右心房和左心房。至於反方向，輸往肺與全身的血液則以動脈為通道，從心室打離心臟。而心室也分成右心室和左心室。經由靜脈回來的血液會從右心房流入右心室，接著送往肺部。血液在肺部經過氣體交換後送至左心房，接著流往左心室，再經由動脈輸往全身。透過這樣的系統，血液就有辦法輸送到全身上下了。把血液送到身體各處是一項非常費力的工作，所以左心室的肌肉壁非常厚實。

我擠壓幫浦的次數大概是每分鐘70下。不過當你們從事激烈運動時，這個次數就會增加，因為激烈運動時需要大量的氧氣嘛。

如果我生病的話……

如果輸送血液的幫浦力量變小了，那麼血液就無法充分送到身體各處，會引起各個部位的異常。構成我的心肌如果無法獲取充足的氧氣與養分，也會變得軟弱無力，進而引發心臟血量不足的狹心症、以及部分心肌死亡的心肌梗塞，這些都是很可怕的疾病呢。

如果我生病的話，可能會引起心悸、喘不過氣等症狀，也會更容易感到疲累、無力。嚴重時，甚至有可能睡覺睡到一半就痛苦得轉醒過來。而且，過勞和壓力也可能導致我突然停止運作喔。平時注意飲食、多運動，保持良好血液循環是很重要的。

心肌是形成心臟壁的肌肉，會規律地伸縮，進而送出與回收血液。

血管小妹

我是血液的通道，
負責運送打出心臟和
回到心臟的血液喔！

血液的通道！

→ 血管分成三種。動脈負責輸送離開心臟的血流，靜脈則負責輸送回去心臟的血流。還有像網子一樣遍布身體各處的微血管。

→ 血液循環有兩個部分。一個是從心臟打出，繞行全身後再回到心臟的體循環。另一個是從心臟打出，到肺臟後再回到心臟的肺循環。

→ 血液會交互進行體循環與肺循環，在體內繞個不停。

人體小知識

- 動脈和靜脈較粗的地方直徑有2.5～3cm，微血管的直徑為0.005～0.01mm！
- 大動脈為血管最粗的地方，血液的流速**最快可達150cm/秒**，微血管中的血液流速則為1mm/秒。

我的功用是什麼？

我是血液的通道，是將心臟打出的血液送往全身各處的道路唷。同時也是血液從身體各處回到心臟時使用的道路。我分成寬闊的主要幹道（動脈與靜脈），還有各種狹窄的小巷弄（微血管），全長約有6000 km，是日本列島長度的2倍呢。

動脈壁非常厚，這樣才能承受心臟打出血液時產生的強大壓力。

那大家覺得，沒有幫浦提供壓力的靜脈血液，又是怎麼從手腳末端回到心臟的呢？其實啊，是透過手腳的肌肉收縮運動。而且為了避免血液倒流，靜脈內還有瓣膜喔。

從心臟打出的血液，會依序流經
動脈→微血管→靜脈，再回到心臟。

如果我受傷的話……

微血管位於全身的血管末端，非常纖細且脆弱。身體不是只要受到碰撞和打擊時，就可能引起內出血、形成瘀青嗎？這是因為微血管就分布在皮膚底下的關係。不過這種情況只是暫時的，透過身體本身的修復能力就能治好。即使微血管斷裂導致出血，在輕微狀況下，血液中的血小板還是有辦法堵住傷口，防止血液繼續流出，這就是痂的真面目。但大動脈斷裂的話，不馬上止血可是會出人命的。

還有，自靜脈流回心臟的血液如果流得不順暢，就會加重微血管滲水的情況，造成浮腫，這是很多疾病的病因。而上了年紀之後，也可能因為靜脈的瓣膜功能衰退，造成這種情況不時發生。

血液之所以呈現紅色，是因為紅血球成分中的血紅素有紅色色素的關係。

我想更加了解人體！

血液中包含搬運氧氣的紅血球、對抗細菌與病毒的白血球、幫助血液凝結的血小板、運送養分的液態血漿這四種成分。

淋巴管、淋巴結姊妹

淋巴管中流著淋巴液，
回收身體的老廢物。

淋巴結是擋住
病原菌的過濾器喔。

淋巴液的通道！

→ 淋巴結具有阻絕病原菌的功能，有許多淋巴球聚集在這裡和病原菌戰鬥。

→ 我們遍布在身體各處，體內流著一種稱作淋巴液的透明液體，最後會和血液匯流。

→ 淋巴管和血管一樣是人體循環的重要管道。

人體小知識

- 淋巴管一天運送的淋巴液流量約有2～3L！
- 淋巴結的大小有很多種，直徑從1mm～3cm都有！
- 淋巴結的數量約有800個！

我的功用是什麼？

我是姊姊淋巴管，遍布在身體各處。而淋巴管交會的地方就是我妹妹淋巴結了。妹妹所在的位置包含脖子和腋下，還有大腿根部等部位。

我們體內流著淋巴液，就是從微血管滲出的血漿成分。淋巴液會幫人體吸收掉體內的老廢物以及細菌之類的外敵。淋巴液蒐集的老廢物和外敵會經過我妹妹體內的過濾構造，過濾乾淨後才送入靜脈。如果這時細菌入侵的話，妹妹就會求助於一種名叫淋巴球的白血球來擊退入侵者。

我們姊妹構成的網絡布滿全身，是清道夫專用路線，同時也發揮了免疫的功能。可別忘了喔！

如果我生病的話……

照理來說病毒和細菌一旦入侵體內，白血球等免疫系統就會迅速產生反應，擊退威脅。可是有些壞蛋很狡猾，會穿過防禦網，侵入體內更深處的地方。而阻擋這些難纏壞蛋的工作，就落在我妹妹淋巴結身上了。有一種稱作淋巴球的白血球，會聚集在她身上對抗病原菌！有時候人們還可以透過皮膚，看見努力戰鬥而脹紅的淋巴結呢。

如果下巴和耳朵腫起來，而且感覺有硬塊的話，就是淋巴球聚集在我妹妹身上對抗病原菌的證據。

如果淋巴結打輸了這場仗，病原菌就會在全身上下為所欲為，這麼一來就糟了。所以，淋巴結可說是免疫系統的最後一道防線呢。

淋巴液是一種液體，會從微血管滲出、再進入淋巴管。抓傷口時流出的液體就是淋巴液唷。淋巴液負責運送衰老細胞這類體內的老廢物。

淋巴液從淋巴管回到血管，再從血管滲出的過程，稱作淋巴循環。

我們是肚子的器官

先來介紹一下我們的大小和重量吧！胃的最大容量約1.5L，肝臟的重量約1000～1500g，是人體最大的內臟。胰臟長約15cm、重約100g，小腸直徑約4cm、全長約7m，而大腸則比小腸粗一點，直徑5～7cm，長度約1.5m。我們全都在你的肚子裡面喔！

當然，除了我們之外還有很多內臟安置在自己的專屬位置。即使你們倒立、翻滾，我們的位置也不會亂掉。每個器官都在適合自己工作的位置，善盡自己的職責呢。

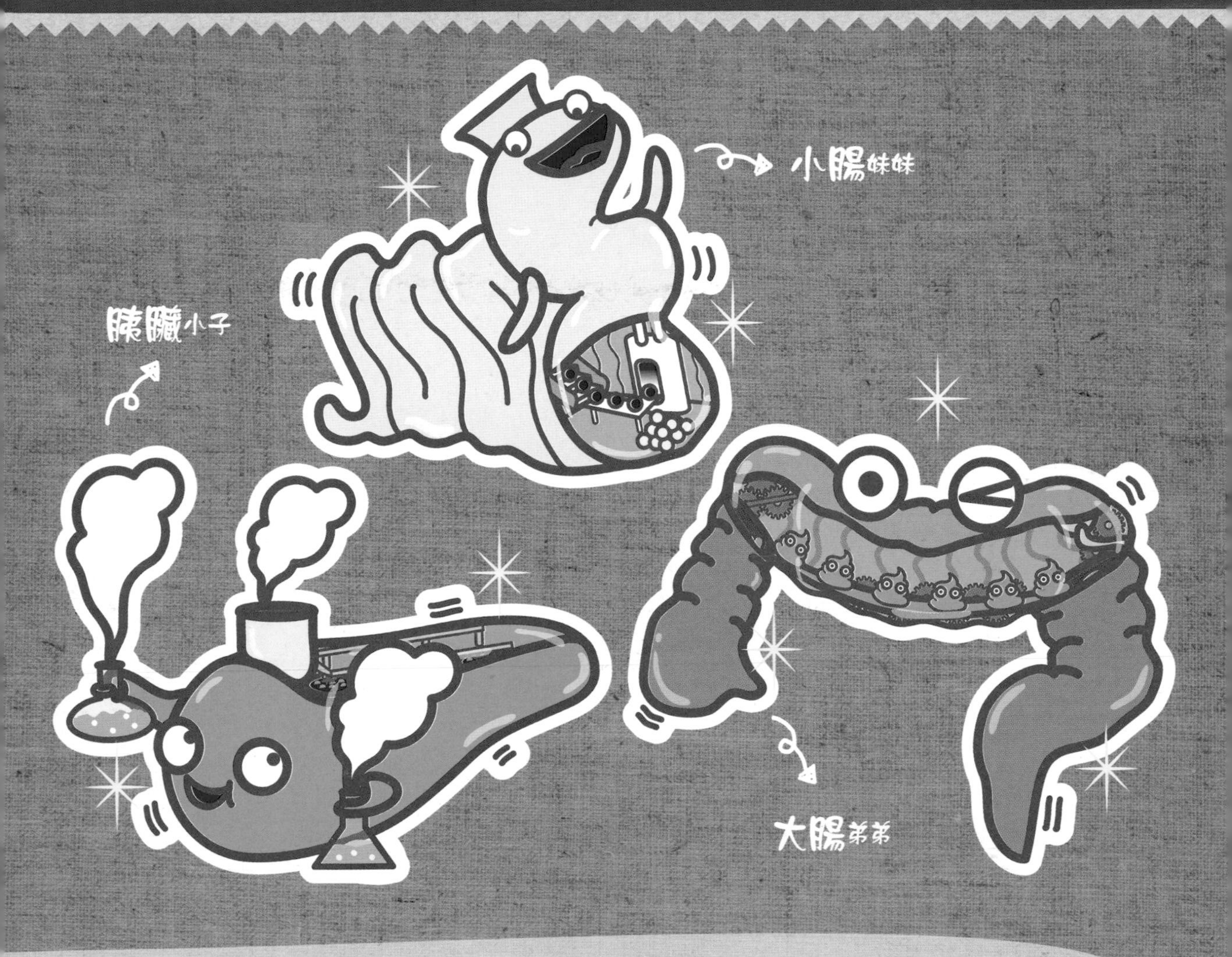

胃和小腸、大腸合稱消化管，是食物的通道。食物在穿過這些器官時會被分解，並與消化酵素混合，被人體消化、吸收。肝臟和胰臟也會產生消化酵素，幫助食物消化喔。

而消化完剩下的殘渣就會變成糞便，排出體外。所以只要觀察糞便的狀況，就能知道我們工作的情形了。糞便是什麼顏色？會不會太硬或太軟？量是正常的嗎？偶爾上完廁所後別急著沖掉，可以試著觀察看看唷。如果糞便裡面帶有一點血，很可能就是我們之中有誰生病了。

胃妹妹

→ 配合十二指腸的消化進度暫時儲存食物也是我的職責。

→ 我的肌肉會收縮（蠕動），讓食物和胃液融合變成糊狀，再送入十二指腸。

人體小知識

- 成人在吃飽狀態下的胃容量，約為啤酒瓶**2瓶分**（約1.5L）！
- 吃飽時，胃的大小約為空腹時的**3倍**！
- 食物在胃裡的消化時間為**3～6小時**不等！

我的功用是什麼？

我是一個伸縮自如的袋子，吃飽時的容量甚至可以膨脹到1.5L。我的職責就是將食物和胃液混合後，交給十二指腸進行正式的消化、吸收。不過我所謂的混合，可不是拿根攪拌棒攪來攪去喔。我是由肌肉所構成的袋子，所以會透過肌肉的伸縮，像洗衣機一樣翻攪裡面的東西，這種活動稱作蠕動。

我體內的黏膜會分泌胃液，裡頭含有消化酵素以及酸性很強的鹽酸。鹽酸會消滅食物中的細菌，消化酵素則有助於分解食物。

如果我生病的話……

和外表給人的印象不一樣，我十分敏感，抗壓性很低。當人們擔心、難過，壓力很大的時候，胃液的分泌量就會減少，使得消化能力降低。這麼一來，食物就會停在我體內很久，形成人們所說的「胃脹氣」。

如果壓力太大，令自律神經失調，可能導致保護我的黏液分泌量大幅減少。如果這時含有鹽酸的胃液分泌出來的話，就會溶解胃的內壁，恐會造成胃潰瘍。酒精、香菸、辛香料、藥物都是破壞胃液平衡的原因喔。假如空腹時心窩附近會痛，但喝飲料、吃東西就能減輕疼痛的話，就有可能是胃潰瘍了。

我想更加了解人體！

消化液中具有酵素，可以幫助人體更容易吸收食物中的養分。這種酵素稱作消化酵素，從不同地方分泌出來的酵素種類也有所不同，能夠分解的養分也不一樣喔。

- 成人的肝臟重量為1000～1500g！
- 就算切掉2/3的肝臟，也只需要1年左右就能再生回來！
- 肝臟是由約50萬個肝小葉組織聚集而成！

我的功用是什麼？

我是人體中最大的內臟，負責的工作自然也特別多，所以很難用三言兩語就說明完我的工作。但總而言之，我就像一座化學工廠。

首先，我會將小腸吸收的養分轉換成人體比較容易利用的形式儲存起來，需要的時候再釋放到血液中。

將碳水化合物轉換成葡萄糖，作為能量來源釋放出去的人也是我。如果有多的葡萄糖，我會製作成肝糖儲存起來，維持血糖值穩定。

我還有其他工作，像是製造有助於人體消化脂肪的膽汁、去除氨等有害物質的毒性、分解衰老紅血球中的血紅素……簡直忙翻了。而分解酒精的作業也在我體內的工廠進行呢。

如果我生病的話……

紅血球的壽命約為120天，衰敗之後會變成膽紅素。我所製造的膽汁中就包含了膽紅素。膽紅素呈現黃色，而糞便之所以黃黃的，就是因為膽紅素。

如果我的功能低落，血液中的膽紅素濃度過高，皮膚和黏膜就會微微發黃，這個症狀稱作黃疸。最明顯的地方就是眼睛了，眼白的部分會泛黃。

會得到黃疸，大多是因為我得了肝炎等疾病，或是膽汁排泄路徑——也就是膽道系統出現異常。肝炎主要由病毒和過敏引發，也就是肝臟發炎。如果放著不管，有可能惡化成肝硬化甚至是肝癌。

膽囊長約10cm，為西洋梨形的袋狀體，負責儲存肝臟製造的膽汁，並且在需要的時候送入十二指腸。膽汁會讓脂肪更好消化、吸收，不過味道苦到不行呢。

胰臟小子

負責分泌消化液和荷爾蒙！

我位於胃的後面，外面圍著十二指腸。這個位置最適合把製造出來的胰液送進十二指腸了。

我所製造的胰液含有強力消化酵素，可以分解蛋白質、澱粉還有脂肪。

我還會分泌兩種調節血糖值的重要荷爾蒙，分別是胰島素和升糖素。

人體小知識

- 成人的胰臟大小，寬3～5cm、長約15cm！
- 人一天分泌的胰液量約1.5L！
- 胰島的功用是分泌荷爾蒙，數量超過100萬個！

我的功用是什麼？

我待在一個不太顯眼的地方，不過這裡非常適合將我製造的強力消化液——胰液送進十二指腸。從胃送到十二指腸的食物，會透過胰液進行更強力的消化。

我所製造的胰液之中，包含了分解蛋白質的胰蛋白酶、分解澱粉的澱粉酶、還有分解脂肪的解脂酶等多種強力消化酵素。

有人可能會擔心我會不會害自己被溶解，不過還請大家放一百二十個心。我製造胰液時，除了澱粉酶和解脂酶之外，會讓其他的消化酵素離開我之後才開始產生作用。

還有，製造調節血糖值的荷爾蒙也是我的重要工作之一喔。

如果我生病的話……

在我體內有種叫胰島的細胞群，聚集了許多特別的細胞，而且胰島的數量超過100萬個。我會在胰島製作出兩種調節血糖（血液中葡萄糖濃度）的荷爾蒙，分別是胰島素和升糖素。

吃完飯，血糖上升時，胰島素就會開始作用，讓身體的細胞吸收葡萄糖，降低血糖值。相反地，當空腹導致血糖過低時，升糖素便會刺激肝臟，將葡萄糖釋放到血液中。

胰島素分泌量不足的話，血糖值就會居高不下，演變成糖尿病。最近也有不少小孩得了糖尿病，在這邊提醒大家一定要適量飲食、多多運動喔。

我想更加了解人體！

十二指腸弟弟

十二指腸是小腸前端和胃連接的部分，長度約為12根手指長，所以才會取作十二指腸。從胃部過來的食物，會在這邊混合膽汁和胰液，進入正式的消化程序。

十二指腸實際的長度
大概有25～30cm喔。

小腸妹妹

消化與吸收的主角！

我會同時進行消化和吸收喔。

→ 從胃過來的食物，會在我體內進一步分解、消化，同時慢慢吸收這些營養。

→ 小腸絨毛負責吸收營養。絨毛裡頭的微血管和淋巴管就是養分的通道。

→ 分解的營養成分之中，葡萄糖和胺基酸會透過微血管進入肝臟，而脂肪小球則會透過淋巴管進入靜脈，輸往全身。

人體小知識

- 成人的小腸直徑約4cm、長約7m！
- 成人的小腸絨毛總表面積，約有半個籃球場大（約200m²）！
- 小腸黏膜細胞大約1天就會更新一輪！

我的功用是什麼？

雖然我在肚子裡縮成3m左右的長度，但其實我的身體非常長喔。如果把我拉直的話，成人的小腸差不多有7m這麼長呢。

在如此漫長的管道中，食物會被消化、養分會被吸收。我的內部有皺褶，皺褶表面上有很多突起的小小絨毛，總共多達500萬根唷。這些小腸絨毛會吸收養分，並分泌腸液。

我的黏膜會分泌腸液，裡面包含了能分解養分的消化酵素，可以把碳水化合物分解成葡萄糖、把蛋白質分解成胺基酸、把脂肪分解成脂肪酸和甘油。經過胃和十二指腸後變成稠狀的食物，會在這裡進一步分解得更小，變成容易吸收的狀態。總之，消化和吸收的主角就是我了！

如果我生病的話……

有很多原因都可能導致我長管狀身體的某處阻塞，這就是腸阻塞！如果碰上腸阻塞，塞住的部分就會因為囤積的食物和氣體導致膨脹，令肚子也跟著鼓脹起來，伴隨著劇烈的疼痛和嘔吐感。

如果碰上腸阻塞，每隔一段時間就會感覺到強烈的腹痛，令人全身冒冷汗，痛到在地上打滾。這就是俗稱的腹絞痛。構成小腸壁的平滑肌發生痙攣和異常收縮時，就會引發腹絞痛。如果不幸碰上，只能去看醫生，找出原因並接受治療了。

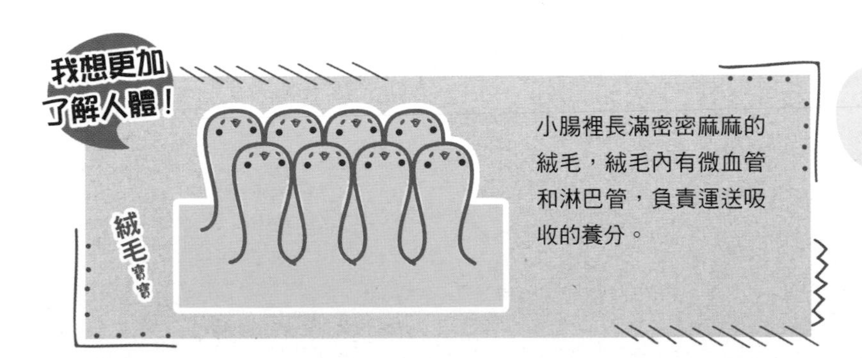

小腸裡長滿密密麻麻的絨毛，絨毛內有微血管和淋巴管，負責運送吸收的養分。

大腸弟弟

我會吸收掉適量的水分，
做出完美的便便！

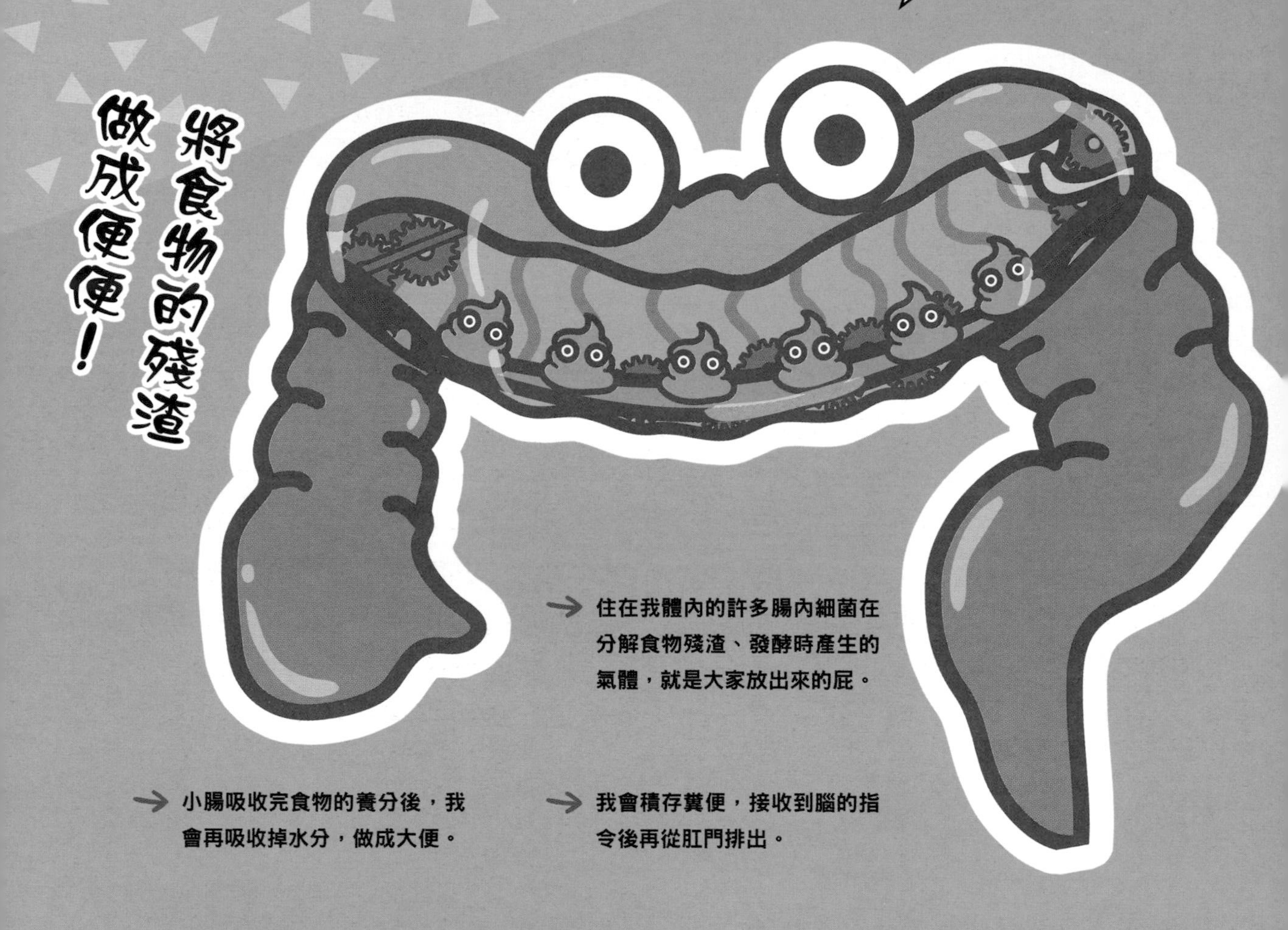

人體小知識

- 成人的大腸長度約1.5m！
- 食物停留在大腸的時間約4～24小時！
- 腸內細菌的數量，每1mL大概有1000億～1兆個！

我的功用是什麼？

從小腸送來我這裡的食物幾乎沒剩下多少營養，因為小腸都吸收光了。

而我最重要的工作，就是吸收黏稠食物殘渣的水分，製造便便。千萬別小看便便的製造過程喔！為了製作出不會太硬、又不會太軟的便便，水分的調節可一點都馬虎不得。

我的身體呈現規律的凹凸管狀，這些凹凸的部分會透過膨脹、收縮來搾出水分，同時也會把消化物往後推進，就是蠕動的意思啦。

辛辛苦苦製造出軟硬適中的便便後，我就會暫時存放在連接肛門的直腸中，等你要上廁所時再從肛門排出體外。

如果我生病的話……

要是便便中的水分太多，就會害你拉肚子。有時候，拉肚子還會伴隨肚子痛和嘔吐、發燒等症狀。

拉肚子的原因有很多，像是吃太快、吃太多的話，就會害食物沒經過充分消化就來到我這裡。我的能力也有限，沒辦法應付消化不完全的食物啦。

還有，如果吃喝冰的、刺激性強的食物和飲料，也會刺激到小腸和我，使得蠕動速度加快，導致水分還來不及吸收，食物就一股腦兒往前衝了。

壓力和睡眠不足可能會導致我神經過敏，而造成食物中毒和感冒的病毒也可能害大家拉肚子。

我想更加了解人體！

小腸連接到大腸的部分有一段盲腸，而盲腸上一處如繩子般突起的東西，就稱作闌尾。過去人們都說闌尾沒有什麼用處，不過據說最近的研究認為，闌尾其實具有平衡腸內細菌的功能呢。

雖然大家常聽到盲腸炎這個詞，但其實發炎的地方是闌尾喔。

我們是下腹部的器官

膀胱小弟

腎臟小姐

尿液的成分幾乎都是水，但我們並沒有把喝進身體的水全都變成尿喔。腎臟會將血液中的老廢物和多餘的水分過濾出來，形成尿液。除此之外，腎臟還具有調整血壓的功能。而暫時儲存尿液的工作則是由膀胱負責了。膀胱具有伸縮性，尿液積存得多就會膨脹起來。而為了讓大家睡覺時不上廁所也沒關係，腦會釋放一種荷爾蒙，幫大家把水龍頭關起來喔。小孩大概長到4、5歲時，就有辦法和大人一樣分泌出這種荷爾蒙了，所以差不多從這個時候開始就比較不會尿床了。

大家有沒有覺得很不可思議，小寶寶明明是媽媽生下來的，為什麼有些人會長得像爸爸呢？這是因為啊，生小孩需要爸爸的精子和媽媽的卵子結合，形成帶有雙方特徵的受精卵。光從1個細胞，就能變出擁有60兆個細胞的人體呢！睪丸每天大概會製造出3000萬個精子，而只有第一個碰到卵子的精子才能完成受精喔。卵巢一個月只會排出1顆卵子，而且卵子壽命很短，能受精的時間只有24小時左右。受精卵在子宮中大概要花38個星期才能發育成一個小寶寶。

腎臟小姐

我會過濾掉血液中的有害物質喔。

製造尿尿！

→ 我有一種製造尿液的組織，稱作腎元。腎元裡頭有一種稱作腎小球的過濾器，可以過濾血液。

→ 我會過濾掉血液中多餘的物質和水分，製成尿液。將尿液送到膀胱也是我們的重要工作之一喔。

→ 我還具有讓身體水分、鹽分維持在一定程度，以及調節血壓的功能。

人體小知識

- 成人的一顆腎臟大約10cm、重約150g！
- 腎臟一天過濾血液所形成的原尿量約有200L！
- 腎臟會再吸收99%的原尿！實際上變成尿液的量僅有約1.5L！

我的功用是什麼？

我的形狀長得很像蠶豆，長約10cm、重約150g。位於肋骨後方，左右各一顆。

我的工作是過濾心臟送來的血液並製成尿液，而製作尿液的重大使命，就是由腎元這個組織負責的。腎元之中有一種類似過濾器的東西叫作腎小球，可以過濾出血液中的老廢物，並和水分一起送到膀胱，變成小便——也就是我們的尿。

我的工作不光只有把老廢物丟掉而已，還要調節多餘的水分與鹽分的排泄量，讓身體的水分維持在一定程度。這可是一項重要的任務呢。

以我的能力，一天可以處理差不多9g的鹽分，所以大家別攝取超過這個分量的鹽分喔。

腎臟雖然有兩顆，但就算只剩一顆還是能充分發揮作用喔。

如果我生病的話……

如果我的功能衰退的話，就沒辦法像平常一樣製造尿液了。這麼一來，體內就會囤積多餘的水分，可能會使眼睛周圍和手腳浮腫起來。如果演變成慢性疾病，導致腎衰竭的話，不僅尿液量會減少，原本要排出體外的有害成分也會停留在體內，對其他器官造成不好的影響。

如果症狀惡化，就必須移植健康的腎臟或者是洗腎了。洗腎是一種透過體外人工腎臟來過濾血液的方法。

還有，有時我的身體裡面會形成結石。如果結石跟著尿液移動時卡在某個地方的話，會讓人痛得受不了喔。嚴重的話還可能導致休克呢。

我想更加了解人體！

黏在左右腎臟上方的三角形小東西，就是腎上腺。腎上腺會釋放腎上腺素和皮質醇等荷爾蒙，有了這些荷爾蒙，心臟等內臟才能正常運作，保持血壓正常喔。

腎上腺素具有令神經興奮的效果。

膀胱小弟

水喝得多，
尿也會變多喔！

累積尿液，
排出體外！

我是儲存尿液的蓄水池喔。只要累積的尿液超過容量的一半，你就會想去上廁所了。

想尿尿的感覺其實是腦發出的訊息。我體內的尿液量累積到一定程度後，就會把這個消息告訴腦，腦再下達指令：「該去尿尿囉！」

做好排尿準備後，尿道出口原本緊張的肌肉就會放鬆，讓尿液排出體外。

人體小知識

- 膀胱的容量有600mL左右！
- 膀胱的內壁厚度約1cm，不過累積的尿液一旦多了，就會延展開來，讓厚度變薄到約3mm！
- 尿量累積到250～300mL時，就會想尿尿！

我的功用是什麼？

腎臟製造的尿液會暫時存放在我這邊，簡單來說我就是尿的蓄水池。我的內壁厚度平常差不多是1cm，不過尿量一多，我的內壁也會變薄、整個膨脹起來。我的容量最多是600mL左右，不過累積到250～300mL左右就會開始想尿尿了。

你一天會上幾次廁所呢？一般來說有5～8次吧？

之所以能忍住尿尿的感覺，是因為腦袋發出的指令在控制。排尿出口附近的肌肉平常是縮緊的狀態，只有在接收到腦的指令、感受到尿意時才會放鬆。

如果我和腦沒有同心協力，可是會害人漏尿的喔！

如果我生病的話……

將累積在我蓄水池中的尿液排出體外的管道，稱作尿道。男性的尿道約16～20cm長，女性則只有短短的4cm。如果細菌入侵尿道引起發炎的話，就會引發膀胱炎。而尿道較短的女生比男生更容易得到這種病喔。

如果得了膀胱炎，就會開始出現頻尿的狀況，可是去廁所又尿不出什麼東西，還會覺得尿不乾淨，馬上又要再跑一趟廁所，甚至尿尿的時候還會覺得痛。嚴重時，尿液顏色還會變得混濁，甚至可能帶有血絲。

如果累積了太多疲勞和壓力，身體對抗細菌的免疫力就會下降，得膀胱炎的機率也會提高。憋到不能再憋才去上廁所，對身體來說可不是一件好事喔。

當汗流得多，尿液量就會減少。這會導致身體缺乏水分，所以記得喝水補充喔。

我想更加了解人體！

尿的成分有90～95%都是水分，剩下的成分則是尿素。尿素經過分解之後會產生氨，所以尿才會帶有一種特殊的臭味。

睪丸小子

→ 我是男生才有的器官，工作是製造精子，創造下一代的主人翁。精子和女生製造的卵子結合後，就會發育成胎兒。

→ 我也會分泌男性荷爾蒙喔。這種荷爾蒙會透過血液進入細胞，塑造出更有男子氣概的身體。

人體小知識

- 人一天製造出來的精子多達3000萬個！
- 一次射精會射出1～4億個精子！
- 溫度必須低於37度才會產生精子！

我的功用是什麼？

我的體內充滿了生精小管，精子就是在那邊製造的。從胎兒時期開始，未來會形成精子的細胞就沉睡在我體內，到了青春期，這些細胞會從漫長的沉睡中甦醒過來，並開始不停分裂。這時會進行一種稱作減數分裂的特殊細胞分裂，所以精子的染色體數才會只有23條，是身體其他細胞的一半。

精子的外型酷似蝌蚪，頭部裝滿了遺傳資訊，為了將這些遺傳資訊送進卵子，精子會擺動長長的尾巴，在女性的身體中游動。

我還有另一項重要的工作，那就是分泌男性荷爾蒙。男生之所以能變得有男人味，就是我的功勞喔。

如果我受傷的話……

我就裝在男性胯下的小袋子裡。大家都說胯下是男生的要害，如果我受到強烈打擊，或是被人踢到的話，真的會痛到足以讓人昏過去喔。你看我不是沒有骨頭和肌肉保護嗎？而且我又是製造精子的重要器官，構造非常精密，還有很多神經集中在這裡，所以才會感到異常疼痛。

那你們覺得，為什麼裝著我這種重要器官的袋子會掛在體外呢？這是因為啊，人的體溫是36～37度，對精子來說太熱了。

我要待在人體之外，才有辦法製造活力充沛的精子喔。

精子是人體中尺寸最小的細胞。雖然有數億的精子會跑進女性的身體裡，但大多數精子很快就會死翹翹。存活下來的精子會為了創造小孩而相互競爭，朝著卵子全速衝刺。

卵巢小妹

我一個月只會製造出1顆卵子！

製造卵子！

→ 我的工作就是製作卵子並送入子宮喔。輸卵管和子宮相連，卵子就是從這個通道移動到子宮的。

→ 卵子和精子相遇後，就會受精形成受精卵。一大堆精子裡只有1隻可以成功受精，而受精卵著床在子宮壁上的話就會懷孕喔。

→ 我還會分泌女性荷爾蒙。荷爾蒙會透過血液進入細胞，塑造出更有女人味的身體。

人體小知識

- 女性一輩子製造出的卵子數量，約有400～500個！
- 月經的週期約28天。排卵日則是下一次月經來的約14天前！
- 排卵後，卵子在輸卵管中能存活的時間約24小時！

我的功用是什麼？

我是成對的器官，分別位於子宮的左右側，會輪流製造卵子。人還在胎兒階段時，就已經形成未來會發育成卵子的細胞，只是一直處於沉睡狀態。一直到青春期，這些細胞會甦醒過來，開始製造卵子。

我排出的卵子會透過輸卵管送往子宮，這種活動稱作排卵。如果移動途中碰到精子，就會形成受精卵，著床在子宮壁上。排卵之後，身體會加厚子宮內膜好讓受精卵更容易著床。但如果沒有受精的話，就不需要這麼厚的子宮內膜了。所以不需要的內膜就會剝落，和卵子以及血液一起變成月經，排出體外。

我所分泌的女性荷爾蒙會讓胸部隆起，對懷孕、生產也十分有幫助。

如果我生病的話……

撇除懷孕和哺乳期間，月經超過3個月沒來的話就稱作無月經症。會發生這種情況，當然有可能是因為我或子宮生病的關係，不過除此之外還有很多可能的原因喔。比如環境變化、減肥過度、厭食症、壓力、劇烈運動等狀況導致荷爾蒙失調，也是無月經症的主要病因。

無月經症會令骨質密度下降，可能引發骨頭內部結構鬆散的骨質疏鬆症。不過只要改善飲食與其他生活習慣，恢復正常體重之後，無月經症大多會不藥而癒。

第一次月經來（初經）的時間大約在10～15歲。如果超過18歲還沒有月經的話，有可能就是其他病症了。一定要去看醫生喔。

我想更加了解人體！

卵子是人體中尺寸最大的細胞，直徑約有0.2mm。卵子中具有23條染色體，上面有母親的遺傳資訊喔。

小寶寶會在一種叫羊水的液體中長大喔！

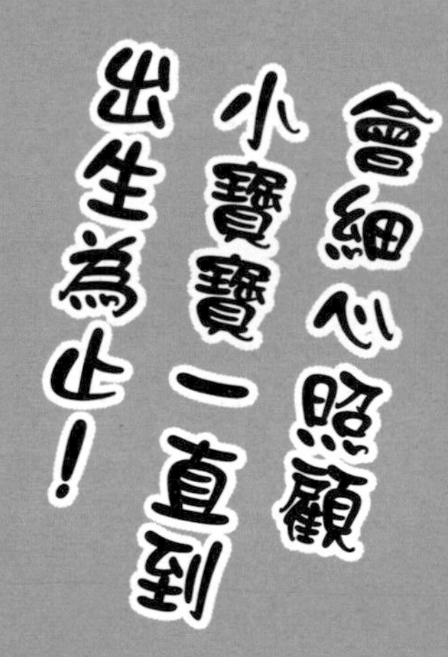

→ 受精卵附著在我的內壁之後，胎盤就會開始成形。

→ 胎盤會透過臍帶將媽媽與胎兒連接在一起。透過臍帶，母體就能和胎兒交換氧氣、二氧化碳、養分與老廢物了。

→ 我的下方有一處出口，叫作子宮口。小寶寶出生時會從這邊出去。

人體小知識

- 子宮平常的大小跟**雞蛋**差不多大，生產時則變得和**西瓜**一樣大！
- 懷孕前，子宮的厚度**約3cm**、生產時則**超過20cm**！
- 胎盤與臍帶大約會在**受精後第13週**形成！

我的功用是什麼？

受精卵形成後會馬上開始進行細胞分裂，從1個細胞不停增加細胞數，同時也在輸卵管中往我這邊移動。到我這裡時差不多會是受精過後1個星期。受精卵緊緊附著在我身上的現象稱作著床。受精卵一旦著床，著床的部分就會形成胎盤。我的體內會充滿一種叫作羊水的液體，讓小寶寶待在裡頭發育。

大約過4週後，胎兒會開始長出腦、內臟、皮膚、血管等器官，8週後全身的骨骼也會長齊。第10週時，幾乎已經發育出所有器官，而到了第30週就會長成完整的小寶寶。差不多第38週時，離開媽媽體內呱呱墜地的小寶寶已經發育到身高約50cm、體重約3kg了。

如果我生病的話……

如果是子宮生病導致的經痛，就需要接受治療了。但有些時候經痛並不是因為生病，卻足以讓人痛到在地上打滾。經期前和經期中也會令人感到莫名煩躁呢。

造成經痛的原因很多，好比荷爾蒙失調、壓力累積等等。

如果只需服用市售止痛藥就能緩解的話就不需要擔心。但痛到難以忍受的話，還是要到醫院檢查看看是不是生病了喔。就算檢查出來沒有生病，醫生還是會開一份緩解症狀的藥給妳。

月經的出血量因人而異，但如果流量太多的話，可能就是某種疾病的徵兆了。這種時候就去看醫生吧。流量過多時，也要多加注意貧血的問題喔。

胎盤是子宮內的圓盤狀器官，透過臍帶與胎兒連結。胎兒會透過臍帶吸收營養和氧氣喔。當胎盤盡完責任後，就會跟著小寶寶一起排出體外。

胎盤是胎兒的生命維持裝置呢。

在骷髏博士的帶領之下，健吾和康子結束了這次的人體探險之旅。他們遇見了各式各樣的器官，並充分了解到這些器官有多麼重要。大家也要多多注意，好好維持健康的身體，不要受傷或生病了喔！

「自我小挑戰！」

我是誰？

出現在這裡的人體器官角色是誰呢？

請參考🔑，填入器官的名稱吧！

回答完後，再翻到p.74-76的

人體器官角色一覽，

看看自己寫的對不對！

第6題

□□

我的工作很多，要代謝養分、還要分解有害物質。

第5題

□

嘴巴吃進來的食物會先停留在我這邊溶解。

第7題

□□

我的工作是吸收食物消化過後剩下的多餘水分，製作便便。

第9題

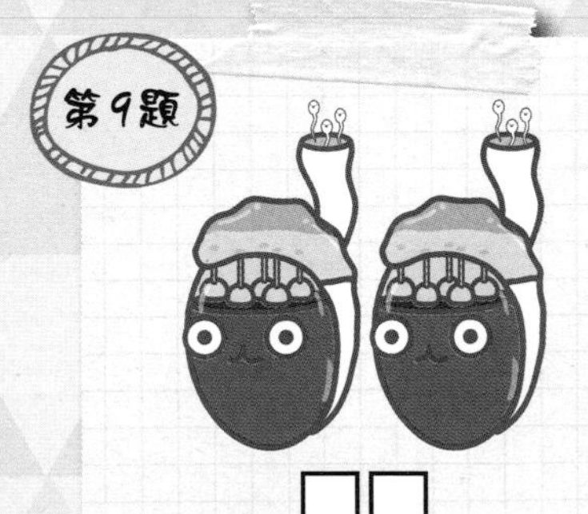

□□

我只存在於男人的體內，每天都會製造出很多精子喔。

第8題

□□

我負責製造尿液喔。另外一個重要的工作就是讓身體水分、鹽分維持在一定的程度。

第10題

□□

我只存在於女人的體內，是小寶寶發育的重要場所喔。

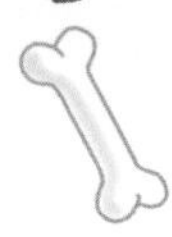

人體器官角色一覽

骨頭

▹支撐身體，保護內臟。
▹也是製造血液的地方。

→p.12

耳朵

▹聽聲音。
▹掌管平衡感。

→p.22

肌肉

▹活動身體。

→p.14

鼻子

▹嗅聞氣味。
▹吸氣、吐氣。

→p.24

皮膚

▹保護身體。
▹感應刺激。
▹調節體溫。

→p.16

嘴巴

▹吃東西。
▹發出聲音。

→p.26

眼睛

▹辨識物體的形狀與顏色。

→p.20

腦

▹接收來自全身的資訊。
▹對全身下達指令。

→p.28

脊髓

▹連接腦與神經。

▹發出反射動作的指令。

→p.30

心臟

▹將血液送到全身。

→p.40

神經

▹負責腦、脊髓與全身上下之間的資訊傳遞。

→p.32

血管

▹血液的通道。

→p.42

氣管、支氣管

▹空氣的通道。

→p.36

淋巴管、淋巴結

▹回收老廢物的管道。

▹對抗病原菌。

→p.44

肺

▹交換氧氣與二氧化碳的地方。

→p.38

胃

▹暫時儲存食物並溶解。

→p.48

肝臟

▹代謝養分。

▹分解有害物質。

→p.50

胰臟

▹分泌胰液。

▹分泌荷爾蒙。

→p.52

小腸

▹進行消化作用，透過
絨毛吸收養分。

→p.54

大腸

▹吸收水分，製造糞便。

→p.56

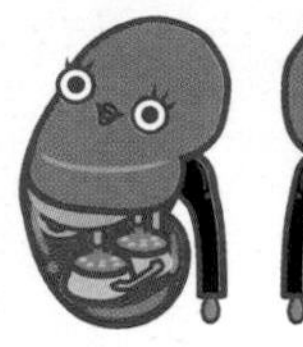

腎臟

▹製造尿液。

▹穩定水分與鹽分濃度。

→p.60

膀胱

▹儲存並排出尿液。

→p.62

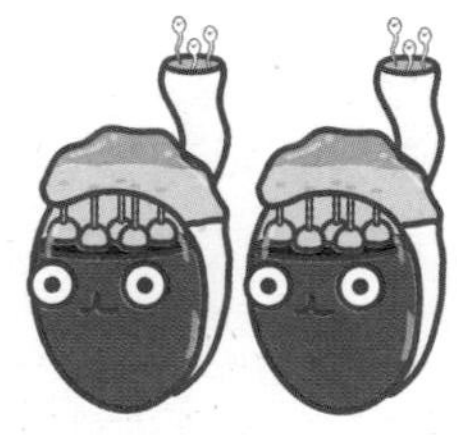
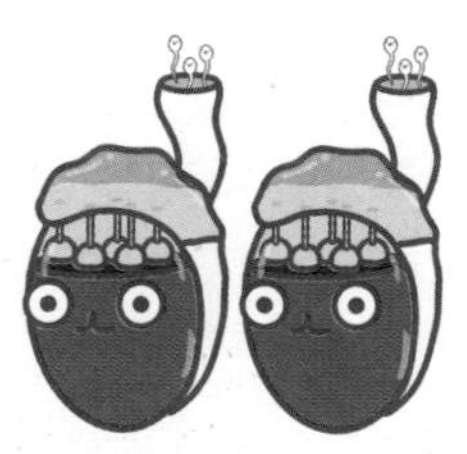

睪丸

▹每天都會製造很多精子。

▹分泌男性荷爾蒙。

→p.64

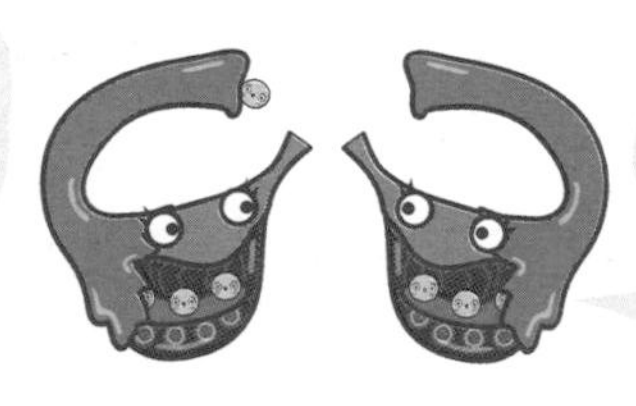

卵巢

▹每個月排一次卵子。

▹分泌女性荷爾蒙。

→p.66

子宮

▹養育胎兒。

→p.68

擁有類似功能、為了同一個目的活動的器官可以劃分成同一個類別，稱作器官系統。就讓我們來看看，每種系統裡面有哪些器官，又發揮了什麼樣的功能吧。

▶ 運動系統

支撐身體的骨頭（骨骼系統）以及和骨頭搭配來做出運動的肌肉（肌肉系統），合稱為運動系統。

▶ 感覺系統

蒐集外界資訊的器官統一列入感覺系統。包含辨識物體形狀和顏色的眼睛、聽聲音的耳朵、嗅聞氣味的鼻子、品嚐味道的舌頭，還有感受痛覺、溫度、觸感的皮膚。

▶ 神經系統

將接收到的外界刺激傳遞至腦，並將腦下達的指令傳遞至身體各部位的一種網絡系統。腦、脊髓、神經就屬於神經系統。

▶ 呼吸系統

和吸入氧氣、吐出二氧化碳有關的器官。包含氣管、支氣管與肺等等。

▶ 循環系統

負責運送氧氣與養分，並蒐集身體各處不需要的老廢物，搬運到肺和腎臟。包含了打出血液的心臟與運送血液的血管所構成的心血管系統、淋巴管與淋巴結所組成的淋巴系統。

▶ 消化系統

囊括了具消化食物、吸收營養功能的多項器官。包括嘴巴、胃、肝臟、胰臟、十二指腸、小腸、大腸等。

▶ 泌尿系統

具有排泄掉老廢物，調節體內水分與鹽分功能的器官群，如腎臟、膀胱等。

▶ 生殖系統

所有和繁衍新生命有關的生殖器官。像是男性有睪丸等，女性則有卵巢、子宮等器官。

▶ 內分泌系統

會分泌荷爾蒙來調節體內各種活動的器官。包含分泌胰島素和升糖素的胰臟、分泌腎上腺素的腎上腺，還有分別分泌男性荷爾蒙、女性荷爾蒙的睪丸、卵巢等。

人體地圖

書中出現的人體器官角色
出現在身體的哪個地方，
一看就知道囉！

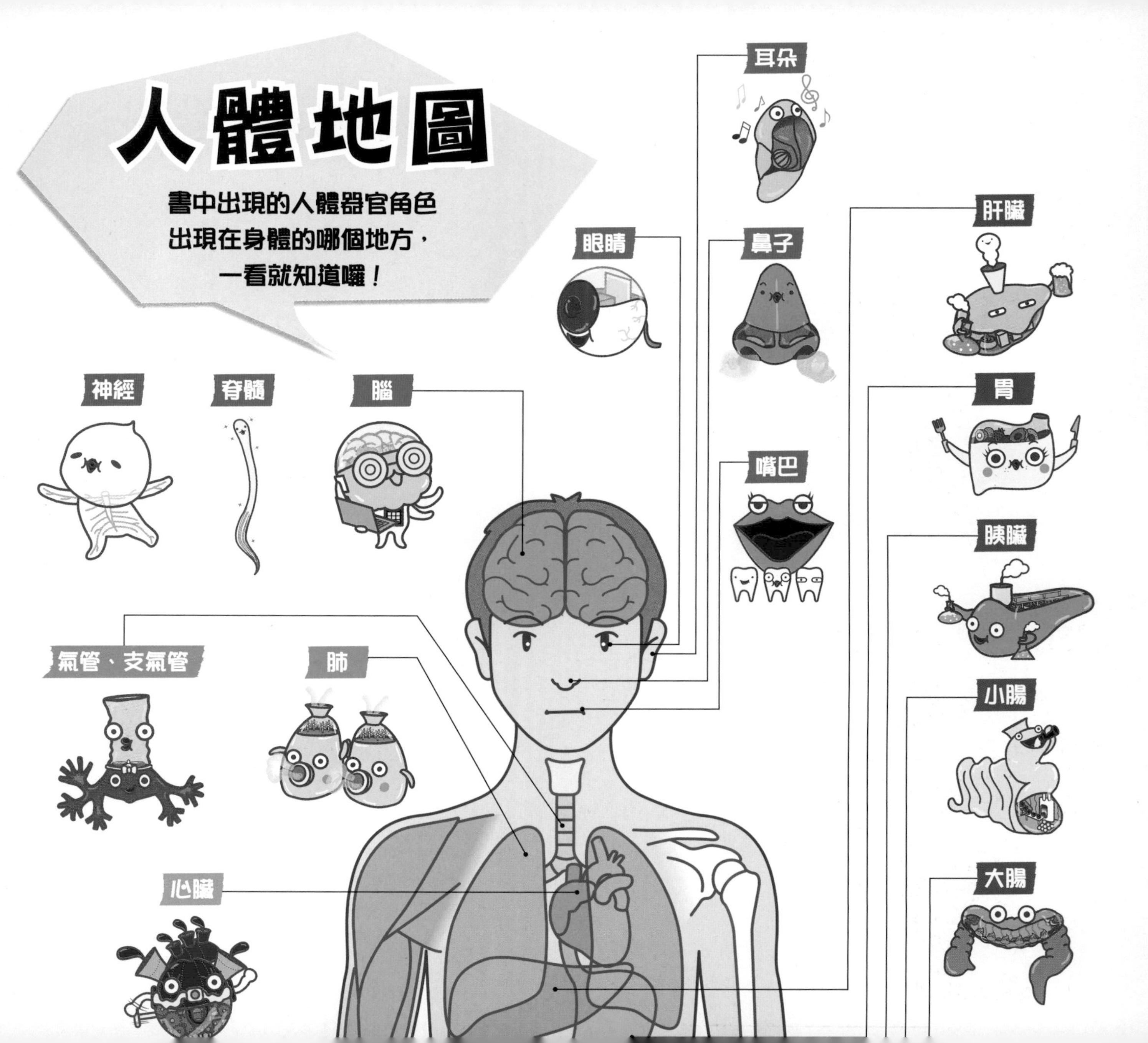

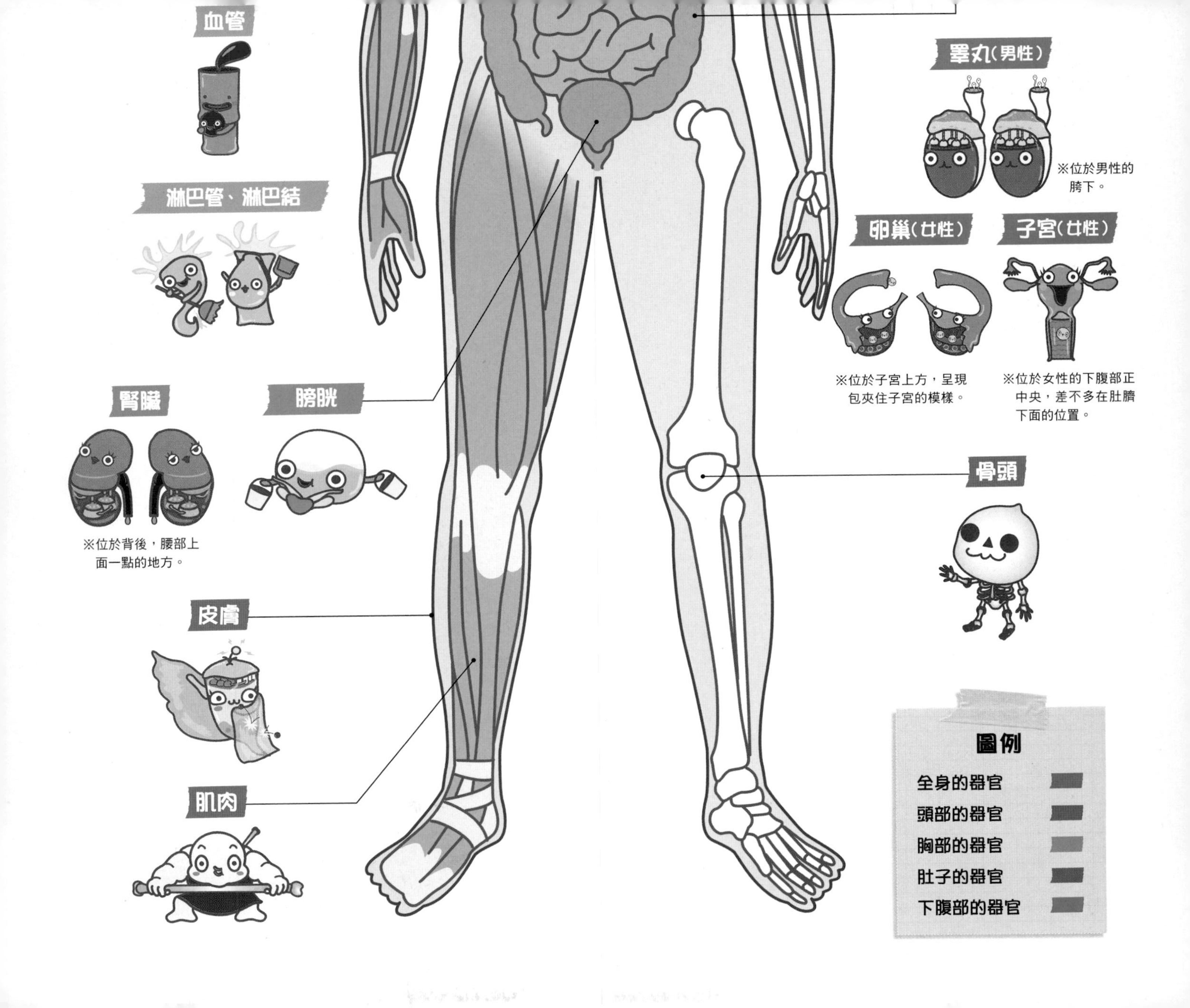
血管
淋巴管、淋巴結
腎臟
※位於背後，腰部上面一點的地方。
膀胱
皮膚
肌肉
睪丸（男性）
※位於男性的胯下。
卵巢（女性）
※位於子宮上方，呈現包夾住子宮的模樣。
子宮（女性）
※位於女性的下腹部正中央，差不多在肚臍下面的位置。
骨頭
圖例
全身的器官
頭部的器官
胸部的器官
肚子的器官
下腹部的器官

監修

坂井建雄（Sakai Tatsuo）

順天堂大學醫學系暨研究所醫學研究科教授 醫學博士
以解剖學的角度，致力於大眾醫學常識啟蒙，推廣腎臟與血管、間質細胞生物學、人體解剖、大體的相關知識。研究解剖學與醫學歷史，並撰有相關著作。

插畫

いとうみつる（Ito Mitsuru）

原先從事廣告設計，後來轉換跑道，成為專職插畫家。擅長創作溫馨之中又帶有「輕鬆詼諧」感的插畫角色。

TITLE

人體器官小圖鑑

STAFF

出版	瑞昇文化事業股份有限公司
監修	坂井建雄
插畫	いとうみつる
譯者	沈俊傑
總編輯	郭湘齡
文字編輯	徐承義　蔣詩綺
美術編輯	謝彥如
排版	執筆者設計工作室
製版	明宏彩色照相製版股份有限公司
印刷	桂林彩色印刷股份有限公司
法律顧問	經兆國際法律事務所　黃沛聲律師
戶名	瑞昇文化事業股份有限公司
劃撥帳號	19598343
地址	新北市中和區景平路464巷2弄1-4號
電話	(02)2945-3191
傳真	(02)2945-3190
網址	www.rising-books.com.tw
Mail	deepblue@rising-books.com.tw
本版日期	2021年4月
定價	300元

ORIGINAL JAPANESE EDITION STAFF

本文テキスト	大井直子
人体図（p.78-79）	片庭稔
デザイン・編集・制作	ジーグレイプ株式会社
企画・編集	株式会社日本図書センター

國家圖書館出版品預行編目資料

人體器官小圖鑑 / 坂井建雄監修；いとうみつる插畫；沈俊傑譯. -- 初版. -- 新北市：瑞昇文化, 2019.09
84面；19 x 21公分
ISBN 978-986-401-371-5(平裝)

1.人體學 2.繪本 3.通俗作品

397　　108013931